Dennis le Plat

Aus der Reihe: e-fellows.net stipendiaten-wissen

e-fellows.net (Hrsg.)

Band 2480

Der süße Strom. Die Glucose-Batterie im Experiment

e-fellows.net (Hrsg.)

GRIN Verlag

Nachwuchswettbewerb „Jugend forscht" 2014

Dennis le Plat

Gymnasium Hoffmann-von-Fallersleben-Schule Braunschweig

(zur Publikation entfernt)

Der *süße* Strom
Die Glucose-Batterie

Inhaltsverzeichnis

1 Einleitung

Die Suche nach nachhaltigen und erneuerbaren Energieträgern und -speichern wird eines der spannendsten Themen unserer Zukunft sein. Herkömmliche Energiespeicher, wie zum Beispiel Blei-Säure- oder Lithium-Ionen-Batterien, sind jedoch oft auch mit Gefahren, sowie giftigen Inhaltsstoffen verbunden. Eine Batterie, die einen nachwachsenden Rohstoff wie zum Beispiel Zucker (Glucose) verwendet, wäre umweltfreundlich, nachhaltig und zudem ungefährlich.

Theoretisch ist es möglich, Glucose in einer elektrochemischen Zelle zu Gluconsäure reagieren zu lassen und dabei elektrischen Strom zu erzeugen. Die Möglichkeit, energiereiche, organische Verbindungen in einem Energiewandler (Batterie) zu nutzen, hat zudem den Vorteil, dass der Wirkungsgrad höher ist, als bei der Energiegewinnung durch Verbrennung.

Zunächst wird im Rahmen dieser Arbeit die Reaktion von Glucose zu Gluconsäure in einer elektrochemischen Halbzelle untersucht. Zu Beginn wird kurz in die Funktionsweise elektrochemischer Zellen, sowie in die Untersuchungsmethode der zyklischen Voltammetrie eingeführt. Das vorläufige Ziel dieser Arbeit ist es, Glucose als elektrochemischen Energieträger zu charakterisieren.

Auf der Grundlage dieser Ergebnisse soll eine Batterie aufgebaut werden, mit der die Energie elektrisch nutzbar gemacht werden kann. Eine große Hürde stellt die technische Umsetzung einer geeigneten Batteriezelle dar, die zur Durchführung erster Messungen dienen kann.

Am Ende dieser Arbeit soll die Möglichkeit der Reduktion von Gluconsäure zu Glucose betrachtet werden, die für die Wiederaufladbarkeit der Zelle notwendig ist.

Eine große Leistungsdichte ist bei dieser Zelle nicht zu erwarten. Dennoch können aussagekräftige Ergebnisse zumindest die Möglichkeit einer Glucose-Zelle aufzeigen. Die zugrundeliegenden Funktionsmechanismen können zudem auf andere Systeme übertragen werden. So kann über die Verwendung anderer geeigneter organischer Moleküle als Brennstoff nachgedacht werden.

Darüber hinaus ermöglicht dieses ungefährliche Batteriesystem jungen Menschen wie mir das Lernen und Forschen an neuen Energiespeichertechnologien. So ließe sich darüber nachdenken, auf Grundlage dieser Ergebnisse einen Schüler-Experimentierkasten zusammenzustellen.

2 Elektrochemische Grundlagen

2.1 Elektrochemische Zellen

In einer elektrochemischen Zelle wird durch den Ablauf einer elektrochemischen Reaktion chemische Energie in elektrische Energie umgewandelt. Ein klassisches Beispiel ist das Daniell-Element.[1]

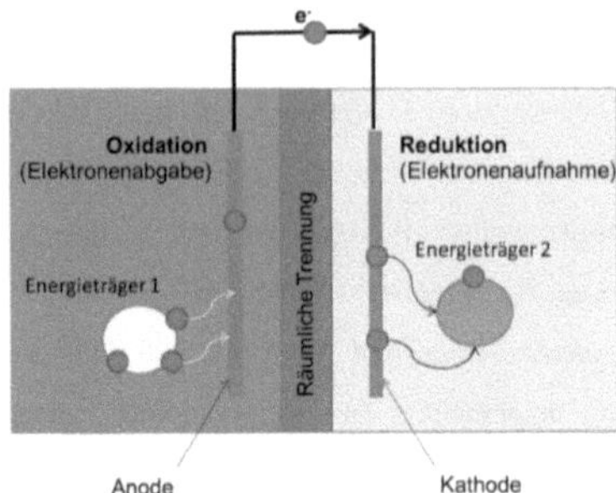

Abb. 1: Darstellung eines Elektrochemischen-Elements (eigene Darstellung).

Dieses galvanische Element besteht aus zwei sog. Halbzellen. Links in Abb. 1 könnte man eine Zinksulfatlösung verwenden, die einen Zinkstab umgibt, rechts eine Kupfersulfatlösung, in der ein Kupferstab steckt. Diese Stäbe dienen als Elektroden und sind über ein Spannungsmessgerät verbunden.

Zink hat das Bestreben Elektronen abzugeben und als Ion in Lösung zu gehen, während Kupferionen das Bestreben haben Elektronen aufzunehmen und als Kupfer auszufallen. Durch dieses unterschiedliche Bestreben beider Halbzellen entsteht eine Potentialdifferenz, die in Form einer elektrischen Spannung messbar ist. Um das Bestreben der Elektronenaufnahme und -abgabe beider Seiten zu erfüllen, wandern Elektronen vom Zinkstab zum Kupfer; es fließt ein elektrischer Strom.

Auf diesem Prinzip der Elektronenabgabe einer Halbzelle, sowie der Elektronenaufnahme der anderen Halbzelle basiert jeder elektrochemische Energiespeicher. Theoretisch lässt sich jede Redoxreaktion als Zellreaktion umsetzen. Somit ist auch eine mit Glucose betriebene Zelle möglich (s. Kap. 2.4).

2.2 Brennstoffzellen[2]

Eine Brennstoffzelle ist ein galvanisches Element, das durch die kontinuierliche Zufuhr von elektrochemisch aktiven Substanzen Energie gewinnt.

Formal reagieren in einer Wasserstoff-Sauerstoff-Brennstoffzelle die Gase Wasserstoff und Sauerstoff zu Wasser. Die Reaktion der beiden Gase kann elektrochemisch zur Stromgewinnung genutzt werden, da eine Redoxreaktion vorliegt. Dabei wird auf der anodischen Seite der Zelle Wasserstoff an einer Elektrode zu Wasserstoffionen oxidiert:

---

[1] C.H. Hamann, W. Vielstich: Elektrochemie, Weinheim, 1998, S. 87.
[2] C.H. Hamann, W. Vielstich: Elektrochemie, Weinheim, 1998, S. 476.

$$H_2 \rightarrow 2\,H^+ + 2\,e^-$$

Die Wasserstoffionen diffundieren durch eine Membran und gelangen somit auf die kathodische Seite (s. Abb. 2). Die frei gewordenen Elektronen bewegen sich aufgrund der Potentialdifferenz zur Kathode und reduzieren dort Sauerstoff. Zusammen mit den Wasserstoffionen entsteht Wasser:

$$\frac{1}{2}\,O_2 + 2\,H^+ + 2\,e^- \rightarrow H_2O$$

Reduktions- und Oxidationsreaktion werden durch die Membran voneinander getrennt.

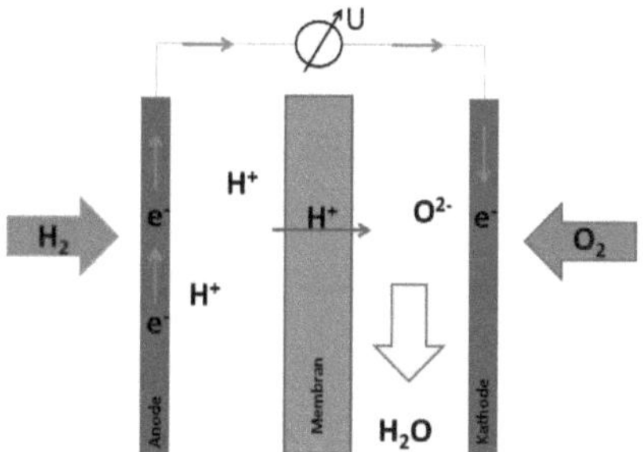

Abb. 2: Schematische Darstellung einer Wasserstoff-Sauerstoff-Brennstoffzelle (eigene Darstellung).

Neben der Wasserstoff-Brennstoffzelle ist auch die Methanol-Brennstoffzelle recht bekannt. In einer solchen reagiert auf anodischer Seite Methanol. Als Reaktionsprodukte erhält man CO_2 und Wasser.[3]

2.3 Redox-Flow-Zellen[4]

Eine Redox-Flow-Zelle ist eine Batterie, die elektrische Energie aus der elektrochemischen Reaktion zwischen zwei flüssigen Lösungen gewinnt. Die Funktionsweise ähnelt der einer Brennstoffzelle (s. Kap. 2.2). Das bekannteste Beispiel einer Redox-Flow-Zelle ist die *All-Vanadium-Cell*, deren Prinzip zum besseren Verständnis hier kurz dargestellt werden soll.

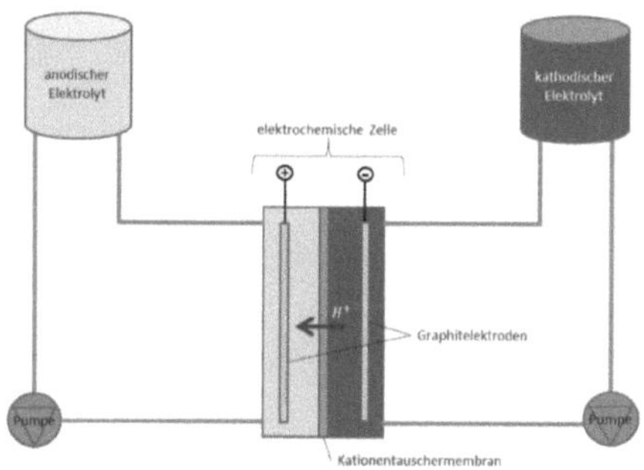

Abb. 3: Prinzip einer Redox-Flow-Cell (eigene Darstellung).

---

[3] J. Enßle, B. Grau, P. Menzel: DMFC: Direkt-Methanol-Brennstoffzellen, in: Praxis der Naturwissenschaften - Chemie in der Schule 5/62 (Juli 2013), Esslingen.
[4] A.Z. Weber et al.: Redox flow batteries: a review, Springer 2011.

Bei dieser Redox-Flow-Zelle liegen in zwei räumlich voneinander getrennten Tanks Vanadiumlösungen unterschiedlicher Oxidationsstufe vor. So wäre der linke Tank in Abb. 3 im geladenen Zustand mit einer V^{5+}- und der rechte mit einer V^{2+}-Lösung gefüllt. Während des Entladevorgangs werden die Flüssigkeiten durch eine Zelle gepumpt, die in ihrem Aufbau einer Brennstoffzelle ähnelt. Dabei reagiert V^{2+} an einer Elektrode zu V^{3+}. Auf der anderen Seite nimmt V^{5+} die abgebenden Elektronen auf und reagiert zu V^{4+}:

$$V^{2+} \rightleftharpoons V^{3+} + e^- \qquad E^0 = -0{,}26\,V\;(RHE)$$
$$V^{5+} + e^- \rightleftharpoons V^{4+} \qquad E^0 = 1{,}00\,V\;(RHE)$$

Aufgrund des Potentialunterschiedes zwischen den beiden Halbzellen können die Elektronen Arbeit verrichten und die chemische Energie wird elektrisch nutzbar.

Im Gegensatz zu einer Brennstoffzelle kann eine Redox-Flow-Zelle durch Anlegen einer Spannung wieder aufgeladen werden. Die chemische Reaktion wird dabei einfach umgekehrt.

Die Energie kann über lange Zeit gespeichert werden, ohne dass eine vorzeitige Entladung auftritt, da die Flüssigkeiten räumlich voneinander getrennt gelagert werden. An dieser Art von Batterie wird bereits seit längerer Zeit geforscht. So existieren bereits Anlagen im Kilowattbereich, die mehrere Megawattstunden Energie speichern können.[5]

2.4 Glucose als elektrochemischer Energieträger

Organische Moleküle wie Glucose lassen sich vollständig zu Kohlenstoffdioxid und Wasser oxidieren. Bei dieser Umsetzung wird Energie frei.

Während des ersten Reaktionsschritts wird Glucose zu Gluconsäure oxidiert:

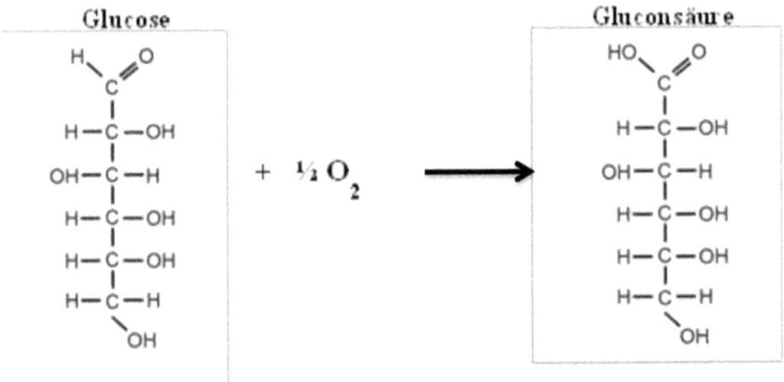

Abb. 4: Reaktion von Glucose mit Sauerstoff zu Gluconsäure (eigene Darstellung).

Bei dieser Reaktion ändert sich die Oxidationszahl des Kohlenstoffatoms der Aldehydgruppe von +I auf +III. Es findet also ein zweifacher Elektronenübergang vom Kohlenstoff zum Sauerstoff statt. Somit handelt es sich um eine Redoxreaktion.

---

[5] A.Z. Weber et al.: Redox flow batteries: a review, Springer 2011.

In einer elektrochemischen Zelle teilt man die Elektronenaufnahme bzw. -abgabe räumlich auf:

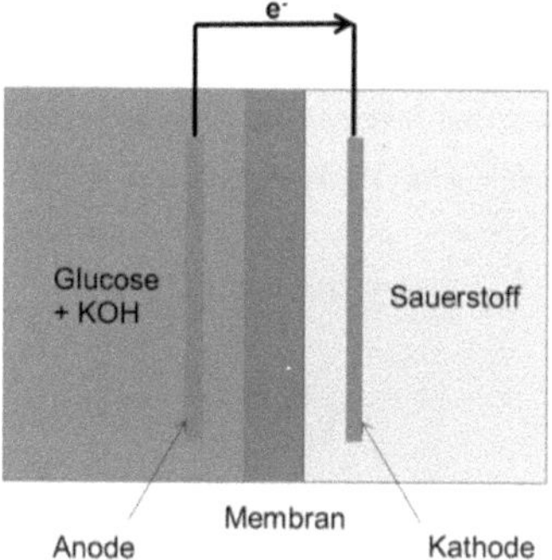

Abb. 5: Schematische Darstellung einer Glucose-Sauerstoff-Zelle (eigene Darstellung).

In der Donatorhalbzelle (s. Abb. 5) wird Glucose zu Gluconsäure oxidiert, während in der Akzeptorhalbzelle Sauerstoff reduziert wird. Lässt man die Reaktion der Glucose in Kaliumhydroxidlösung ablaufen und verwendet befeuchteten Sauerstoff, so erhält man die folgenden Halbzellengleichungen[6]:

$$Anode:\ C_6H_{12}O_6 + 2\,OH^- \rightarrow C_6H_{12}O_7 + H_2O + 2e^- \quad E^0 = -0,85\,V$$

$$Kathode:\ H_2O + 2e^- + \frac{1}{2}O_2 \rightarrow 2\,OH^- \qquad\qquad E^0 = 0,40\,V$$

Die Glucose wird in Kaliumhydroxidlösung gelöst, da somit, wie in Kap. 3 gezeigt wird, die Oxidation leichter abläuft.

Für die technische Umsetzung der genannten Reaktion in einer Batterie-Zelle, ist es notwendig einen geeigneten Aufbau zu entwickeln und Komponenten zu finden. So stellt sich die Frage, welche Art der Elektroden, Membran oder Konzentration der Zuckerlösung (Elektrolyt) verwendet werden sollten. Diese Fragen sollen mit den Untersuchungen in Kap. 3 beantwortet werden.

2.5 Zyklische Voltammetrie als elektrochemische Untersuchungsmethode

Die zyklische Voltametrie ist eine Methode zur Charakterisierung des Reaktionsverhaltens einer elektrochemischen Halbzelle. Hierfür wird eine Dreielektrodenanordnung, bestehend aus Gegen-, Referenz- und Arbeitselektrode, aufgebaut (s. Abb. 6). Zwischen Arbeitselektrode und Gegenelektrode kann durch eine externe Spannungsquelle ein Potential aufgeprägt werden, so dass an der Arbeitselektrode eine elektrochemische Reaktion ablaufen kann. Über ein Messgerät wird währenddessen der Stromfluss gemessen.

---

[6] N. Fujiwara et al.: Nonenzymatic glucose fuel cells with an anion exchange membrane as an electrolyte, in: Electrochemistry Communications, Osaka, Japan 2009, S.3.

Um das Potential der Arbeitselektrode gegenüber dem Standardpotential (NHE) zu ermitteln, wird zudem die Spannung zwischen einer Bezugselektrode bekannten Potentials und der Arbeitselektrode gemessen.[7]

In der Messzelle in Abb. 6 (rechts), sind Referenz- und Arbeitselektrode durch eine Glasfritte von der Gegenelektrode getrennt, um eventuelle Reaktionsprodukte nicht zwischen den Elektroden zu transportieren.

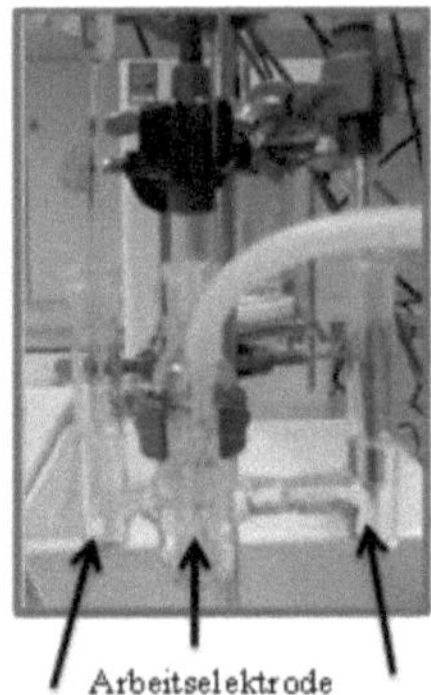

Abb. 6: Eigener Messaufbau einer Dreielektrodenanordnung mit einer Messzelle.

Während einer Messung wird eine Dreiecksspannung zwischen Gegen- und Arbeitselektrode aufgeprägt, deren Umkehrpunkte zwischen der Wasserstoff- und Sauerstoffentwicklung liegen. Die gemessene Stromdichte (Strom pro Elektrodenfläche) wird dann gegen die Spannung aufgetragen. Aus diesen sog. CV-Diagrammen (engl.: Cyclic Voltammetry) lassen sich Aussagen über die Kinetik der elektrochemischen Reaktionen treffen.[8]

Die Messungen wurden mit dem Potenziostat *Im6ex* der Firma *Zahner* am *Fraunhofer Institut für Chemische Technologie* in Wolfsburg durchgeführt. Als Referenz wurde eine Ag/AgCl-Elektrode in gesättigter KCl-Lösung verwendet (Potential gegenüber NHE: 197 mV). Als Gegenelektrode wurde ein Platinblech (Elektrodenoberfläche: 0,4 cm) und als Arbeitselektrode ein Platindraht (Elektrodenoberfläche: 0,33 cm) verwendet.

Eine CV-Messung von Kaliumhydroxidlösung der Konzentration 0,5 Mol/L soll hier exemplarisch ausgewertet werden. Die Lösung wurde, wie auch bei allen folgenden Versuchen, vor der Messung mit Argon begast, um z.B. gelösten Sauerstoff aus der Lösung zu entfernen.

---

[7] C.H. Hamann, W. Vielstich: Elektrochemie, Weinheim, 1998, S. 251.

[8] University of Cambridge: Department of Chemical Engineering and Biotechnology Linear Sweep and Cyclic Voltametry: The Principles, http://www.ceb.cam.ac.uk/research/groups/rg-eme/teaching-notes/linear-sweep-and-cyclic-voltametry-the-principles, 22.12.2013.

In der Kaliumhydroxidlösung befinden sich keine Stoffe, die elektrochemisch umgesetzt werden können. Daher zeigt das Diagramm nur den Auf- und Abbau von Chemiesorptionsschichten (Deckschichten).[9]

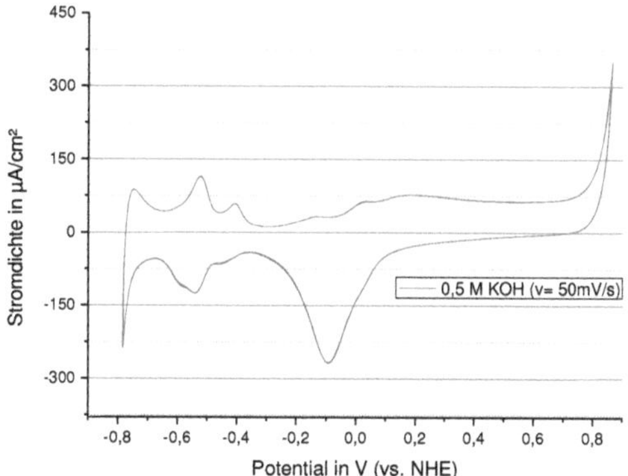

Abb. 7: CV von 0,5 M Kaliumhydroxidlösung.

Beim Durchlaufen der Spannung in positiver Richtung werden oberhalb von -200 mV zunächst Hydroxidionen an Platin adsorbiert (s. Abb. 7 obere Linie):

$$Pt + OH^- \rightarrow Pt - OH + e^-$$

Ab etwa null Volt folgt die Reaktion der Pt-OH zu Pt-O:

$$2\,Pt - OH \rightarrow Pt - O + H_2O + Pt$$

Ein positiver Strom wird gemessen, da bei der Ausbildung dieser Sauerstoffchemiesorptionsschicht Elektronen frei werden. Ab etwa 800 mV setzt die Abscheidung von atomarem Sauerstoff ein. Beim Rücklauf wird der produzierte Sauerstoff unterhalb von null Volt wieder reduziert und anschließend desorbiert. Im CV ist ein negativer Peak zu erkennen, da Elektronen hierbei vom Sauerstoff aufgenommen werden.

Beim Erreichen eines Potentials unterhalb von -450 mV beginnt die Adsorption von Wasserstoff an Platin; es entsteht durch Aufnahme von Elektronen Pt-H.

$$Pt + H_2O + e^- \rightarrow Pt - H + OH^-$$

Unterhalb von -750 mV entsteht atomarer Wasserstoff. Bei wieder ansteigender Spannung wird der gebildete Wasserstoff zunächst wieder oxidiert und anschließend desorbiert. Hierbei treten drei positive Peaks auf (-800 mV bis -300 mV).

Zwischen -350 mV und -200 mV fließt ein geringer konstanter Strom, welcher der Aufladung der elektrolytischen Doppelschicht entspricht. Beim Durchlaufen in negativer Richtung fließt ein kleiner negativer Strom, der die Entladung und den erneuten Aufbau messtechnisch sichtbar macht.

---

[9] C.H. Hamann, W. Vielstich: Elektrochemie, Weinheim, 1998, S. 252.

Die Reproduktion des aus der Literatur[10] bekannten CV von Kaliumhydroxidlösung zeigt zudem, dass die verwendete Messzelle elektrochemisch rein ist und funktioniert. Dieser Nachweis stellt sicher, dass auch bei folgenden Messungen reproduzierbare Ergebnisse zu erwarten sind.

3   Halbzellenmessungen mit unterschiedlichen Glucose-Elektrolyten

Im Folgenden werden CV Messungen, die mit unterschiedlichen Glucose-Lösungen durchgeführt wurden, ausgewertet, um die Glucose-Halbzelle zu charakterisieren. Dabei wurden alkalische, neutrale und saure Lösungsmittel als Elektrolyte verwendet.

3.1   Glucose in Kaliumhydroxidlösung (KOH)

Bei dieser Messung wurde eine Lösung mit einer Konzentration von jeweils 0,1 Mol/L Glucose bzw. KOH untersucht. In der Literatur existieren bereits Untersuchungen in 0,1 molarer Natriumhydroxidlösung, weshalb die gewählten Konzentrationen vergleichbare Ergebnisse liefern sollten.[11]

Abb. 8 zeigt, dass sich das zyklische Voltamogramm der Lösung mit Glucose deutlich von dem der reinen Kaliumhydroxidlösung unterscheidet. Zeitweise gibt es mit 4 mA/cm² eine deutlich höhere Stromdichte als im Fall der reinen Kaliumhydroxidlösung. Des Weiteren liegen die Peaks bei anderen Potentialen als bei reiner Kaliumhydroxidlösung. Die Messung der Glucose-Lösung zeigt einen durchweg positiven Stromfluss (bis auf die Wasserstoffentwicklung unterhalb von -700 mV), da von der Lösung Elektronen abgegeben werden. Die Oxidation scheint im alkalischen Medium also gut möglich. Jedoch scheint die Oxidationsreaktion elektrochemisch nicht reversibel, da keine negativen Peaks auftreten, die einer Elektronenaufnahme entsprächen.

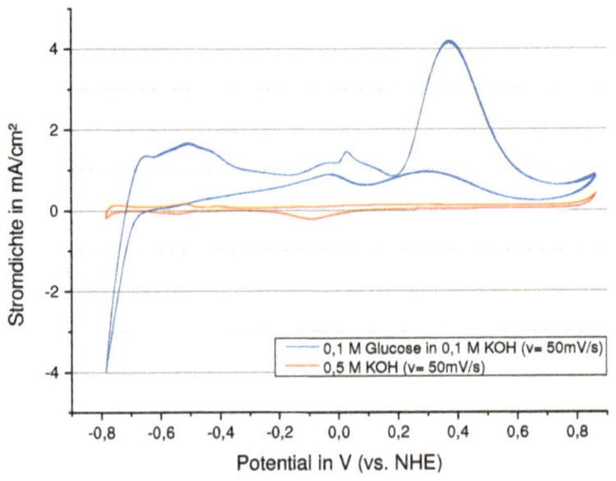

Abb. 8: CV von Glucose in KOH und reiner KOH.

[10] C.H. Hamann, W. Vielstich: Elektrochemie, Weinheim, 1998, S. 252.
[11] L.H. Essis Yei, B. Beden, C. Lamy: Electrocatalytic oxidation of glucose at platinum in alkaline medium: on the role of temperature, in: J. Electroanal. Chem., Netherands 1998.

Laut Literatur wird die Glucose bei dem ersten Peak bei etwa -500 mV adsorbiert und dehydrogeniert. Bei etwa Null Volt (mittlerer Peak in Abb. 8) wird die Glucose mit an Platin adsorbierten –OH oxidiert. Der dritte Peak tritt bei etwa 400 mV auf und rührt von der Reaktion von Glucose mit an Platin adsorbiertem Sauerstoff.[12]

Beim Durchlaufen des Potentials in negativer Richtung treten bei einem Potential von 300 mV bzw. null Volt Peaks auf, die nicht exakt unter den Peaks eines positiven Durchlaufs liegen. Ein durch die Oxidation während des positiven Durchlaufs entstandenes Produkt scheint weiter oxidiert zu werden, da diese Peaks nur beim Rücklauf auftreten. Genauere Aussagen zu diesem Effekt erfordern jedoch weitere Untersuchungen.

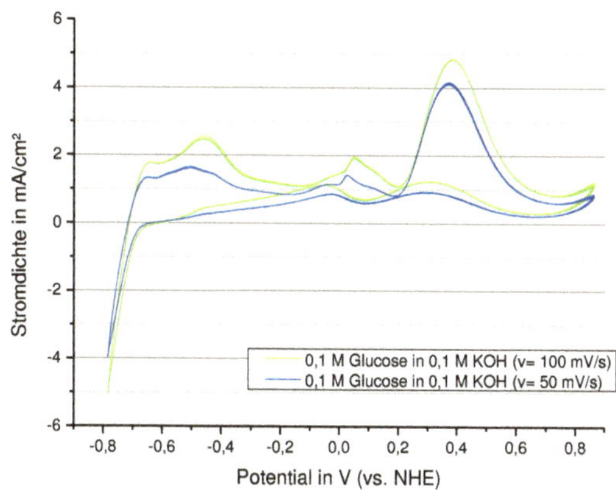

Abb. 9: Untersuchung von alkalischen Glucose-Lösungen bei unterschiedlichen Geschwindigkeiten.

Bei steigender Geschwindigkeit der Potentialänderung nimmt die Stromstärke zu (s. Abb. 9). Zudem ist eine leichte Potentialverschiebung der Peaks in Richtung des positiven Potentialbereichs zu erkennen, was auf einen gehemmten Ladungsdurchtritt hindeutet.[13] Die Abwesenheit von Reduktionspeaks (negativen Peaks) lässt auf eine nicht umkehrbare chemische Reaktion schließen.[14]

Die Oxidation von Glucose scheint in Kaliumhydroxidlösung begünstigt.

Messungen mit weiteren Elektrodenmaterialien wie Silber, Graphit oder Bor dotiertem Diamant führten zu keiner messbaren Glucosereaktion.

3.2 Glucose in Salzsäure (HCl)

Wie in 3.1 wurde eine Glucose-Salzsäure-Lösung mit einer Konzentration von jeweils 0,1 Mol/L verwendet.

---

[12] D. Basu, S. Basu: A study on direct glucose and fructose alkaline fuel cell, in: Electrochimica Acta, New Delhi, India 2010.
[13] C.H. Hamann, W. Vielstich: Elektrochemie, Weinheim, 1998, S. 264.
[14] Vgl.: C.H. Hamann, W. Vielstich: Elektrochemie, Weinheim, 1998, S. 269.

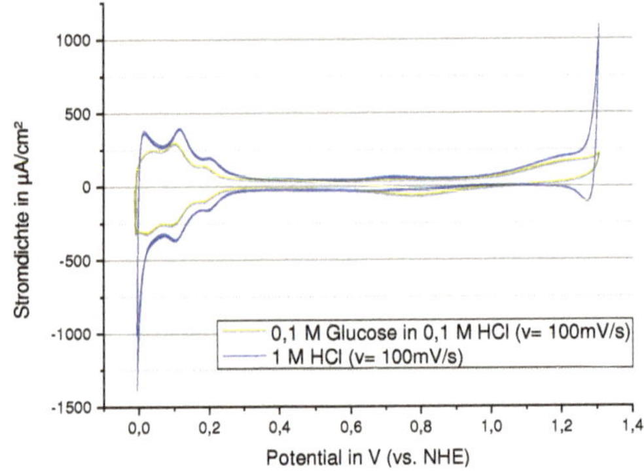

Abb. 10: CV von Glucose in HCl und reiner HCl.

In Abb. 10 sind die CVs von Salzsäure und Glucose in Salzsäure dargestellt. Zwischen den beiden Kurven ist kein großer Unterschied zu erkennen. Die Peaks der Glucose-Lösung liegen etwa in dem Potentialbereich, in welchem auch die Peaks der reinen Salzsäure gemessen wurden. Im Vergleich zu der reinen Salzsäure sind die gemessenen Stromdichten bei der Glucose-Lösung jedoch geringer. Die Glucose scheint also die Kinetik und die Ausbildung der Deckschichten der HCl zu verschlechtern. Selbst reagiert die Glucose aber kaum oder gar nicht, da keine anodischen Strompeaks wie in KOH zu erkennen sind.

Die Oxidation von Glucose scheint in Salzsäure nur schlecht abzulaufen.

3.3   Glucose in Kaliumchloridlösung (KCl)

Nach den ersten Messungen wurde ersichtlich, dass die Oxidation von Glucose zwar in alkalischen, jedoch nicht in sauren Medien abläuft. Nun stellt sich die Frage, wie das Reaktionsverhalten in neutralen Medien aussieht.

Um eine gute Leitfähigkeit des Elektrolyten zu erhalten, wird Glucose in einer 0,1 M KCl-Lösung gelöst.

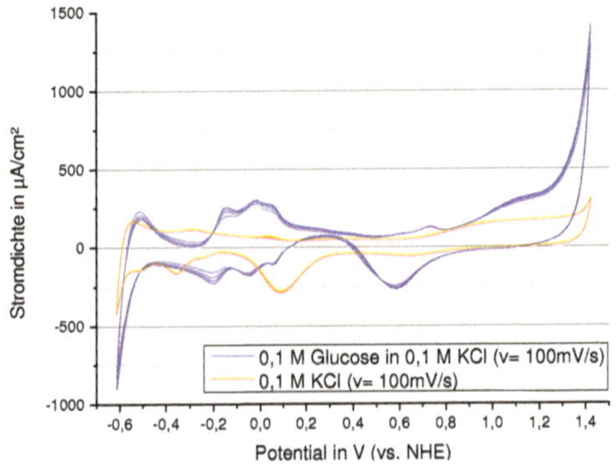

Abb. 11: CV von Glucose in KCl und reiner KCl.

Anhand der CVs in Abb. 11 ist erkennbar, dass in der Glucose-Lösung weitere Peaks im Vergleich zur Messung in reiner KCl auftreten. So läuft bei null Volt beispielsweise eine anodische Reaktion ab. Auffällig ist, dass im neutralen Medium bei etwa 600 mV ein Reduktionspeak auftritt. Eine mögliche Erklärung ist, dass die bei der Oxidation entstandene Gluconsäure wieder zu Glucose reduziert wird. Im Vergleich zu den in Kap. 3.1 zeigt sich jedoch, dass die Stromdichte deutlich geringer als bei alkalischen Elektrolyten ist. Es müsste ggf. ein geeignetes katalytisches Material für die Elektroden in neutralen Medien gefunden werden, so dass die Oxidation beschleunigt abläuft und höhere Ströme gewonnen werden können.

4   Die Glucose-Zelle

Die technische Umsetzung der Zelle stellte die größte Herausforderung dar, da hierfür viele spezielle Komponenten benötigt werden. Durch die Unterstützung der Firmen *Fumatech*, *Solvay* und *Eisenhuth*, sowie des *Fraunhofer ICT* gelang jedoch die Realisierung einer Testzelle.

4.1   Aufbau einer Glucose-Zelle

Eine Zelle besteht im einfachsten Fall aus zwei Bipolarplatten, zwischen die eine mit einem Katalysator beschichtete Membran gespannt wird. Die Elektrolyte fließen zwischen der Bipolarplatte und der Membran, an welcher sie reagieren (s. Abb. 12 links). Die Bipolarplatten bestehen aus Kohlenstoff und in sie ist ein Flussfeld oder ein Filz eingelassen, um den Elektrolyten gleichmäßig über die gesamte Membran zu verteilen. Zudem kann an den leitenden Kohlenstoffplatten die Spannung abgegriffen werden.

Durch die Zelle (Abb. 12; rechts) wird mit Hilfe einer Pumpe auf der einen Seite Glucose-KOH-Lösung gepumpt, während auf der anderen Seite mit synthetischer Luft gespült wird.

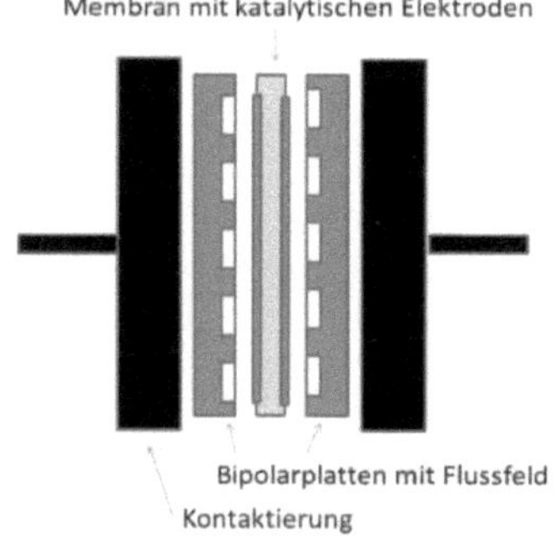

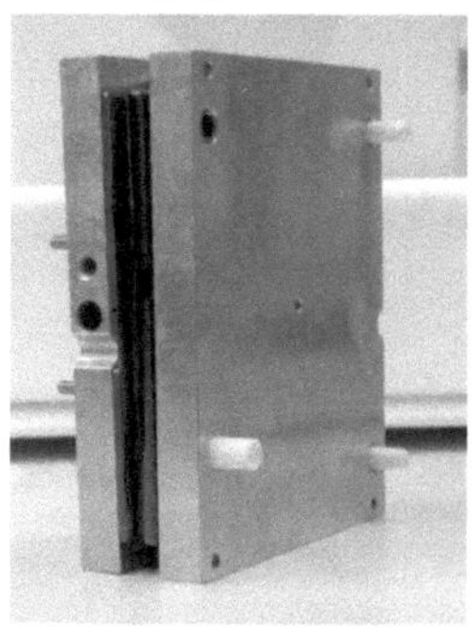

Abb. 12: Schematische Darstellung eines Zellaufbaus (links; eigene Darstellung) und verwendete Zelle (rechts; Leihgabe des *Fraunhofer ICT* by Jens Noack).

Es wird eine Anionen-Austauscher-Membran verwendet, die OH⁻ Ionen transportiert, da die Glucose-Reaktion im alkalischen Medium abläuft. Zudem soll somit eine höhere Leistung erzielt werden.[15]

Auf den niedersächsischen Energiespeichertagen in Hannover führte ich ein Gespräch mit der Firma *Solvay* und bat um eine geeignete Membran für mein Projekt. *Solvay* verwies mich an die Firma *Fumatech*, da diese die benötigten Anionentauschermembranen herstelle. *Fumatech* zeigte sich an meinem Projekt sehr interessiert und stellte mir eine platinbeladene Anionentauschermembran *FAP 450* zur Verfügung.

4.2 Vorbereitung der Messungen

Meine Messungen führte ich an einem Zell-Teststand des *Fraunhofer Instituts für chemische Technologie* durch. Für die Messungen wurden die platinbeladenen Anionentauschermembranen der Firma *Fumatech* genutzt. Jedoch stellte sich bei der Inbetriebnahme der Zelle keine Leerlaufspannung ein. Ein möglicher Grund für dieses Phänomen stellten auftretende Cross-Over-Reaktionen dar. Dabei gelangt Glucose durch die Membran hindurch und reagiert auf der kathodischen Seite. Eine Spannung ist dann nicht messbar, da keine räumlich getrennte Redoxreaktion mehr vorliegt.

Es war nicht davon auszugehen, dass die katalytische Beschichtung der Membran ungeeignet ist, da sich Platin in den Halbzellenmessungen als geeignet herausstellte (vgl. Kap. 3.1). Auch der Glucose-KOH-Elektrolyt zeigte sich in den Halbzellenversuchen als elektrochemisch aktiv.

Das Problem des Cross-Overs ließe sich zum einen lösen, indem eine geeignetere Membran verwendet würde, welche die Diffusion der Glucose auf die kathodische Seite minimierte. Zum anderen könnte die verwendete Membran auf kathodischer Seite mit anderen Katalysatoren bestückt werden, die inaktiv für die Glucoseoxidation sind.

Ich entschied mich, da ich keine Alternative zu der Membran *FAP 450* von *Fumatech* hatte, für die zweite Variante und verwendete Katalysatoren, die eigentlich für Methanolbrennstoffzellen genutzt werden. Auf der anodischen Seite befindet sich hierbei Palladiumceroxid, das aktiv für die Oxidation von Methanol ist. Auf der kathodischen Seite wird Silberoxid verwendet, das inaktiv für Methanoloxidation, jedoch aktiv für Sauerstoffreduktion ist. Trotz eines Cross-Overs würde die Zellleistung bei Methanolbrennstoffzellen somit nicht beeinträchtigt werden. Meine Hoffnung war, dass sich dieses Prinzip von Methanol auf Glucose übertragen ließe.

Bei der anschließenden Messung war tatsächlich eine Leerlaufspannung von etwa 850 mV messbar.

Leider können die Messergebnisse nicht in direkten Bezug zu den Halbzellenmessungen aus Kapitel 3 gesetzt werden, da zwei unterschiedliche Katalysatoren genutzt werden.

Im Folgenden wird der Einfluss der Konzentration der Kaliumhydroxidlösung des Elektrolyten, sowie der Temperatur auf die maximale Zellleistung untersucht.

---

[15] N. Fujiwara et al.: Nonenzymatic glucose fuel cells with an anion exchange membrane as an electrolyte, in: Electrochemistry Communications, Osaka, Japan 2009, S.2.

4.3 Einfluss der Konzentration der Kaliumhydroxidlösung und der Temperatur auf die Zellleistung

Die folgende Abb. 13 links zeigt die Polarisationskurven der Glucose-Zelle bei unterschiedlichen Konzentrationen der Kaliumhydroxidlösung. Es sind jeweils die Spannung und Leistungsdichte gegen die Stromdichte aufgetragen.

Gemessen wurden jeweils 0,5 M Glucose in 0,5 M, 2 M sowie 5 M KOH-Lösung bei 60 °C.

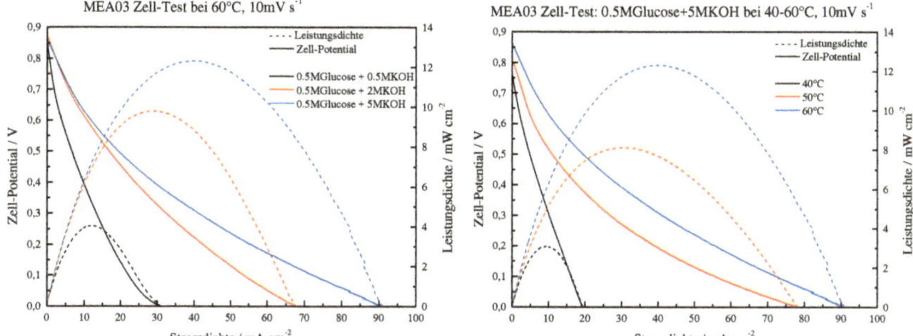

Abb. 13: Polarisationskurven der Glucose-Zelle mit verschiedenen Konzentrationen der Kaliumhydroxidlösung (links) sowie bei unterschiedlichen Temperaturen (rechts).

Zu erkennen ist, dass höhere Konzentrationen der Kaliumhydroxidlösung keinen Einfluss auf die Leerlaufspannung der Zelle haben (bei 0 mA/cm^2). Wird die Zelle jedoch belastet (Stromdichte größer null), so fällt die Spannung ab. Aus den Leistungsdichte-Kurven ist zu erkennen, dass die maximale Leistungsdichte umso größer ist, je höher die Konzentration der Kaliumhydroxidlösung ist.

Dies liegt daran, dass die Konzentration einen Einfluss auf die Leitfähigkeit der Zelle hat. Je leitfähiger die Zelle ist, desto geringer ist ihr Innenwiderstand und desto größere Leistungen können gewonnen werden.

Es lässt sich festhalten, dass mit dieser Ausführung der Zelle eine maximale Leistungsdichte von 12 mW/cm^2 erreichbar ist. *All-Vanadium-Redox-Flow-Cells* oder Wasserstoff-Sauerstoff-Brennstoffzellen erreichen im Vergleich Leistungsdichten von bis zu einigen hundert mW/cm^2.[16,17]

Nachdem der Einfluss der Kaliumhydroxidlösung auf die Zelle untersucht wurde, wurde der Einfluss der Temperatur auf die Zellleistung untersucht (s. Abb. 13 rechts). Hierbei wurde bei 40 °C, 50 °C sowie 60 °C und jeweils 0,5 M Glucose in 5 M KOH-Lösung gemessen.

Es ist in Abb. 13 rechts zu erkennen, dass die Temperatur direkten Einfluss auf die Leerlaufspannung (bei 0 mA/cm^2) hat: Je höher die Temperatur, desto höher die Leerlaufspannung.

Die maximale Leistungsdichte nimmt ebenfalls mit steigender Temperatur zu. Dies passt zu der bekannten RGT-Regel: Bei höheren Temperaturen laufen chemische Reaktionen besser ab.

---

[16] T. Kodenkandath: RFB with low-cost electrolyte an membrane technologies (review), University of Kentucky, 2012.

[17] C.H. Hamann, W. Vielstich: Elektrochemie, Weinheim, 1998, S. 481.

5 Reduktion von Gluconsäure

Um eine wiederaufladbare Zelle zu erhalten, muss die bei der Entladung ablaufende chemische Reaktion reversibel sein. Um dies zu untersuchen, wurde Gluconsäure in verschiedenen Medien gelöst und mit Hilfe der zyklischen Voltammetrie untersucht. Weder in alkalischen, noch in sauren Lösungen ließ sich Gluconsäure oxidieren oder reduzieren.

Es wird für eine Reaktion wahrscheinlich ein größerer Potentialbereich außerhalb der Wasserstoff- und Sauerstoffentwicklung in wässrigen Lösungen benötigt. Auch eine Messung mit Graphitelektroden, die eine höhere Überspannung für Wasserstoff aufweisen, lieferte keine messbare Reaktion.

Die Reduktion von Gluconsäure könnte jedoch trotzdem durch Photokatalyse realisiert werden.

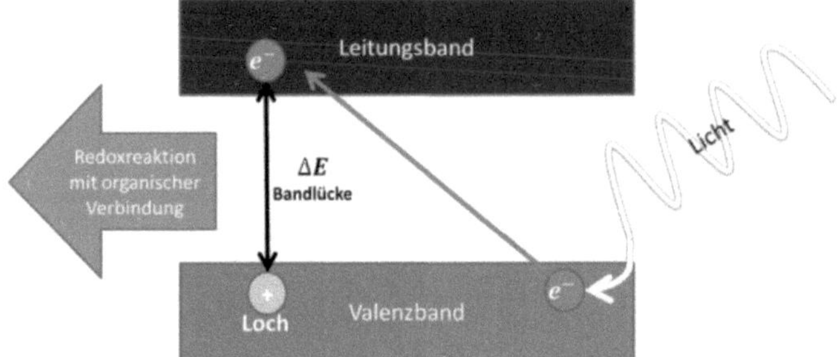

Abb. 14: Schematische Darstellung eines Photokatalysators (eigene Darstellung).

Photokatalysatoren sind Halbleiter. Im Grundzustand befinden sich die Elektronen im Valenzband und sind gebunden. Durch Energiezufuhr in Form von Photonen, können die Elektronen in das Leitungsband gehoben werden (s. Abb. 14). Zum einen ist der Halbleiter dann leitfähig, zum anderen sind die entstandenen energiereichen Elektronen bzw. Löcher sehr reaktionsfreudig. Durch die entstehende Potentialdifferenz am Katalysator können organische Verbindungen oxidiert oder reduziert werden.[18]

Sollte eine photokalatytische Reduktion von Gluconsäure möglich sein, so ließe sich die Zelle durch Belichtung wieder aufladen. Photokatalysatoren wurden bereits vom *Forschungsinstitut für anorganische Werkstoffe -Glas/Keramik- GmbH* für dieses Projekt zur Verfügung gestellt.

Nach ersten Untersuchungen lässt sich festhalten, dass Gluconsäure in Anwesenheit eines Photokatalysators reagiert. Ob eine Reduktions- oder eine Oxidationsreaktion abläuft, lässt sich an dieser Stelle jedoch noch nicht beurteilen.

Nähere Untersuchungen zur photokatalytischen Reaktion von Gluconsäure stehen noch aus.

Sollte eine photokatalytische Reduktion nicht möglich sein, so kann Gluconsäure zumindest photokatalytisch oxidiert werden. Hierbei könnten Zwischenprodukte entstehen, die in der Zelle

---

[18] S. Wohlgemuth, M. Antonietti: Künstliche Fotosynthese, in: Spektrum der Wissenschaft 9 (2013), Stuttgart.

elektrochemisch weiter reagieren können. Somit könnte die Energieausbeute erhöht werden. Bei vollständiger Oxidation der Glucose bzw. Gluconsäure entstehen Kohlenstoffdioxid und Wasser. Das entstehende CO_2 ist klimaneutral, da Zucker ein nachwachsender Rohstoff ist.

6   Ausblick

Ziel war es eine elektrochemische Zelle aufzubauen, die einen nachwachsenden Rohstoff als Energieträger verwendet und zudem ungefährlich ist. Die Ergebnisse zeigen, dass eine Glucose-Zelle durchaus realisierbar ist, auch wenn nur kleine Leistungen erzielt werden können. Es gelang aus der Literatur bekannte Ergebnisse zu reproduzieren und eigene zu ergänzen. Zudem lernte ich bei meinen Untersuchungen sehr viel über Elektrochemie und dazugehörige Untersuchungsmethoden.

Die in Kapitel 4 beschriebene Zelle ist in der bisherigen Ausfertigung zwar nicht für große Lasten geeignet, stellt jedoch das Prinzip einer *Glucose-Brennstoffzelle* gut dar. Es ist beabsichtigt einige noch offene Fragen in der nächsten Zeit zu untersuchen. Trotz der überschaubaren Ausgangsüberlegungen, stellt sich die Umsetzung einer Glucose-Zelle als sehr komplexe Problemstellung heraus. So sind viele Parameter, wie Katalysatoren und Membran an das System anzupassen, sowie weiterführende Untersuchungen nötig um ggf. eine funktionierende und leistungsfähige Glucose-Batterie aufzubauen.

Um die Nachhaltigkeit der Zelle zu gewährleisten, wäre die Wiederaufladbarkeit wünschenswert. Diese ließe sich, wie in Kapitel 5 dargelegt, evtl. über die Photokatalyse realisieren.

Bei einem Lebensmittel wie Zucker, ist die Verwendung in großem Maße in Batterien jedoch ethisch fraglich. Wenn auch nicht als Stromversorger geeignet, so kann diese Zelle doch aufgrund der ungefährlichen Inhaltsstoffe Schülern helfen, sich mit dieser relativ neuen Art von Batterien vertraut zu machen.

Dank

Vielen Dank für den angenehmen Rahmen, den das Gymnasium *Hoffmann-von-Fallersleben* in Braunschweig, für Jungforscher im Wettbewerb „Jugend forscht" schafft, sowie das große Engagement der Fachgruppen.

Herzlichen Dank an das *Fraunhofer Institut für chemische Technologie* und die Abteilung *Angewandte Elektrochemie* in Pfinztal und Wolfsburg für den Austausch über das Projekt, sowie die Unterstützung bei den Messungen.

Vielen Dank an die Firmen *Solvay* aus Hannover, *Fumatech* aus St. Ingbert, *Eisenhuth* aus Osterode, sowie das *Forschungsinstitut für anorganische Werkstoffe -Glas/Keramik- GmbH* aus Höhr-Grenzhausen für die materielle Unterstützung.

Vielen lieben Dank an meine Mutter und meinen Bruder für die seelische Unterstützung bei meinen Projekten.

7 Literaturverzeichnis

13GE Chemie, http://www.lte.lu/chimie/13GE_2013/Cours/03/daniell/dec.png, 30.11.2013.

Academic, http://de.academic.ru/dic.nsf/dewiki/1029394, 01.12.2013.

S. Agatic: Oberflächentechnik Agatic,
http://agatic.de/s/cc_images/cache_2418596638.png?t=1287678452, 22.12.2013.

D. Basu, S. Basu: A study on direct glucose and fructose alkaline fuel cell, in: Electrochimica Acta, New Delhi, India 2010.

University of Cambridge: Department of Chemical Engineering and Biotechnology Linear Sweep and Cyclic Voltametry: The Principles, http://www.ceb.cam.ac.uk/research/groups/rg-eme/teaching-notes/linear-sweep-and-cyclic-voltametry-the-principles, 22.12.2013.

S. Ernst, J. Heitbaum, C.H. Hamann: The electrooxidation of glucose in phosphate buffer solutions - Part I, in: J. Electroanal. Chem., Netherlands 1979.

L.H. Essis Yei, B. Beden, C. Lamy: Electrocatalytic oxidation of glucose at platinum in alkaline medium: on the role of temperature, in: J. Electroanal. Chem., Netherands 1998.

Fachinformationszentrum Karlsruhe Energiespeicher: Forschung für die Energiewende,
http://forschung-energiespeicher.info/fileadmin/user_upload/projektassets/QUICKinfo_Bilder/Konzept_einer_Vanadium-Redox-Flow-Batterie.jpg, 30.11.2013.

N. Fujiwara et al.: Nonenzymatic glucose fuel cells with an anion exchange membrane as an electrolyte, in: Electrochemistry Communications, Osaka, Japan 2009.

C.H. Hamann, W. Vielstich: Elektrochemie, Weinheim, 1998.

A.Z. Weber et al.: Redox flow batteries: a review, Springer 2011.

S. Wohlgemuth, M. Antonietti: Künstliche Fotosynthese, in: Spektrum der Wissenschaft 9 (2013), Stuttgart.

T. Kodenkandath: RFB with low-cost electrolyte an membrane technologies (review), University of Kentucky, 2012.

J. Enßle, B. Grau, P. Menzel: DMFC: Direkt-Methanol-Brennstoffzellen, in: Praxis der Naturwissenschaften - Chemie in der Schule 5/62 (Juli 2013), Esslingen.